T_2 74

NOTICE

SUR

UNE SOI-DISANT NAINE,

VENUE A MARSEILLE

VERS LA FIN DE L'AUTOMNE 1832.

———◦◦◦———

MARSEILLE,

TYPOGRAPHIE DE FEISSAT AÎNÉ ET DEMONCHY,

Imprimeurs de la Ville et du Commerce,

RUE CANEBIÈRE, Nº 19.

1834.

Marie *** agée de 45 ans, née à
Dessiné d'après nature le 19 Janvier 1833.

Lozère dite la petite Naine

Vaillot de Broyenard Del.

NOTICE

SUR

UNE SOI-DISANT NAINE,

VENUE A MARSEILLE VERS LA FIN DE L'AUTOMNE 1832.

NOTICE

SUR

UNE SOI-DISANT NAINE

VENUE A MARSEILLE VERS LA FIN DE L'AUTOMNE 1832,

Lue à la Société de Statistique de Marseille,

PAR M. FALLOT DE BROIGNARD,

Capitaine d'État-Major.

———————

VERS la fin de l'automne de 1832, une petite femme, haute d'environ deux pieds, marchant au moyen de béquilles, se promenait dans les rues de Marseille. Ses conducteurs mettaient à contribution la curiosité des passans en la fesant remarquer comme une naine. C'était en effet une des plus petites créatures humaines avancées en âge qu'on eût encore vu.

Cependant ce n'était point une naine; car pour cela il aurait fallu que toutes les parties de son corps fussent proportionnées, tandis que la petitesse de sa taille n'était due qu'à une difformité de ses membres inférieurs, difformité si singulière que j'ai cru devoir consigner ici les résultats de l'examen que j'en fis avec le docteur Girard, professeur de zoologie à l'Athénée de cette ville.

Cette soit-disant naine, nommée Marie, née dans le département de la Lozère, de parens bien conformés et occupés aux travaux de la campagne, était âgée d'environ 45 ans; elle n'avait que 663 millimètres de hauteur (24 pouces 1/2); sa tête, qui avait presque le quart de la hauteur totale, était bien conformée et de 0 m. 500 mil. de circonférence (18 pouces 10 lignes); ses cheveux très-fins, étaient encore assez nombreux et noirs , quelques-uns commençaient à blanchir ; son front et ses joues présentaient des rides précoces et plus prononcées que son âge ne le comportait; ses yeux noirs étaient vifs et brillans et son regard expressif; ses mâchoires n'étaient armées que de six dents molaires, dont une supérieure et deux inférieures gauches, et trois inférieures droites. Les autres tombées à 7 ans, n'étaient plus revenues. Les parois alvéolaires antérieures et postérieures, s'étant rapprochées, étaient devenues presque tranchantes et lui permettaient, ainsi, de manger les choses les plus dures. Elle préférait même le biscuit au pain ordinaire.

La colonne vertébrale était déviée à droite, ce qui procurait une bosse au dessous de l'épaule de ce côté. Sa longueur en ligne directe était de 40 centimètres (1 pied 2 pouces 9 lig.); l'espace entre les deux épaules de 24 centimètres (8 pouces 9 lignes). La boîte osseuse de la poitrine se ressentait de la déviation du Rachis. Les seins étaient peu développés. Les mouvemens du cœur réguliers donnaient cent pulsations par minute ; mais il faut remarquer que cette femme venait de boire plusieurs verres de cognac, ce qui avait dû nécessairement les activer.

Les membres supérieurs n'avaient que 35 centimètres de longueur (8 pouces 6 lignes). Les humérus étaient presque nuls et les avant-bras présentaient une espèce de torsion dans le sens de la pronation qui empêchait presque la suppination de la main. Tandis que les cordes qui soutendaient les arcs que formaient ces membres, avaient 0 m. 235 (8 pouces 8 lig.) La longueur de l'arc était de 0 m. 295 (10 pouces 8 lig. 1/2). Les mains, bien conformées et potelées, avaient 0 m. 135 (5 pouces) du métacarpe à l'extrémité du médius. C'est presque la main ordinaire d'une petite femme.

C'est dans les membres inférieurs que se fesait remarquer

la plus grande perturbation. Les fémurs et les os des jambes étaient recourbés en S , et contournés de telle manière que c'était la face interne du pied droit qui posait à terre, tandis que le talon gauche était relevé et que c'était la partie antérieure du tarse de ce pied qui soutenait ce côté du corps.

D'après ces dipositions, la fesse droite reposait sur le bord externe du pied droit et n'était qu'à 4 centimètres (1 p° 5 lig.) de la terre, tandis que la gauche s'appuyait sur la courbure du fémur et se trouvait de 4 centimètres plus relevée que la première. Les traits ci-joints, pris au hyalographe, le feront mieux concevoir.

La longueur des fémurs, en tenant compte des courbures, était de 0 m. 315 (11 pouces 8 lig.)

Cette conformation des membres inférieurs rendait la marche impossible. La progression ne s'opérait qu'au moyen des muscles des bras et du tronc, agissant sur les béquilles comme sur des leviers. Aussi n'avançait-elle que par bonds. Cependant sa marche, bien que pénible, était plus rapide qu'on n'aurait eu lieu de l'attendre de la faiblesse de ses membres supérieurs mis en rapport avec la pesanteur du corps, 26 kilog. (environ 65 liv. poids de table).

Ainsi cette femme, plus petite encore que Bébé ce fameux nain du roi de Pologne, haut de 29 pouces, et que Bowrlaski, qui n'en avait que 28, aurait atteint, sans la déviation de ses membres inférieurs, une taille d'environ 4 pieds, ce qui est très-ordinaire dans nos contrées méridionales.

Le D. Girard ayant exploré sa tête, reconnut que l'organe de la saillie y était très-développé, de même que celui de la philologie. Ceux de la théosophie, de la circonspection et du meurtre s'offraient ensuite mais avec un moindre développement.

Les réponses de ses conducteurs confirmèrent les inductions qui avaient été fournies par la cranologie. Ils nous assurèrent que bien que cette fille n'eût reçu aucune éducation, qu'elle ne parlât que le patois de son pays et ne comprît que très-peu de mots français, cependant elle n'était nullement embarrassée pour causer : que sa conversation était gaie, enjouée, sa répartie vive et souvent piquante. Elle était dévote et superstitieuse, comme on l'est dans son pays, l'un des plus assombris de la carte de M. Charles Dupin. Elle avait une grande facilité pour retenir les noms propres et les chansons. Dans plusieurs occasions elle avait donné des preuves de beaucoup de prudence et de bon sens, soit par sa conduite, soit d'après les conseils qu'elle donnait ; sans être cruelle elle-même, Marie aimait cependant à voir répandre du sang. Elle s'arrêtait avec plaisir pour voir tuer un agneau ou saigner une volaille. Elle se serait plue à aller tous les jours à la boucherie assister à l'abattage des bœufs et des moutons. Enfin l'exécution d'un condamné eût été pour elle un spectacle agréable.

Si ses difformités l'empêchèrent de se livrer aux plaisirs de l'amour, la nature cependant n'avait pas perdu ses droits et la lasciveté de ses paroles prouva plus d'une fois que le désir fesait entendre sa voix. Ses conducteurs nous assurèrent qu'elle avait une très-grande perspicacité pour reconnaître l'intelligence de deux amans, surprendre les moindre signes et interpréter leurs paroles, leurs gestes et jusqu'à leurs regards. Les voyait-elle se promener dans la campagne, elle épiait tous leurs mouvemens, les suivait d'un œil d'envie et tirait de tous les indices qu'elle avait recueillis des conséquences très-ordinairement justes.

Née de parens pauvres, elle fut habituée à se nourrir d'alimens grossiers. Elle aimait avec excès toutes les choses fortes, de même que les boissons spiritueuses dont l'usage voire même l'excès n'altérèrent jamais sa santé. Pendant les deux heures qu'elle resta chez moi, elle but cinq à six verres de vieux cognac et n'en fut nullement incommodée.

Les difformités de cette femme existaient-elles à sa naissance, ou furent-elles les résultats de quelques accidens pendant ses premières années? C'est ce dont il nous fut impossible de nous assurer. Toutefois il est à croire que c'est dans le sein de sa mère que la perturbation du travail de la nature eut lieu. Il est également probable que si, au lieu de naître dans la campagne de parens peu fortunés, elle eût reçu le jour dans une maison opulente de nos grandes cités, les secours actuels de l'Orthopédie auraient pu, sinon faire disparaître, du moins combattre, corriger ou atténuer ces directions insolites des membres inférieurs qui auraient dû la faire ranger dans la classe des monstres, si les recherches anatomiques et physiologiques des Blainville et Geoffroy-Saint-Hilaire n'avaient démontré que ce que nous appelions monstres et monstruosités n'étaient que des aberrations congéniales de nutrition.

Fesons des vœux toutefois pour que le flambeau de l'instruction dissipe bientôt les ténèbres qui couvrent encore une partie de notre patrie. Car, si l'intelligence qu'elle reçut de la nature avait été cultivée, cette fille malgré sa difformité aurait pu cependant prendre sa place dans la société, tandis que, dans l'état d'ignorance où elle était plongée, elle n'avait presque d'humain que le visage.

MARSEILLE. — TYPOGRAPHIE DE FEISSAT AÎNÉ ET DEMONCHY, RUE CANEBIÈRE, N° 19.

Pl. II.

www.ingramcontent.com/pod-product-compliance
Lightning Source LLC
Chambersburg PA
CBHW050436210326
41520CB00019B/5947